Ajay Rathod
Chirag Patel

Derivados de Benzimidazol

Ajay Rathod
Chirag Patel

Derivados de Benzimidazol

Síntese, caraterização e avaliação biológica

ScienciaScripts

This book is a translation from the original published under ISBN 978-620-7-99812-8.

Publisher:
Sciencia Scripts
is a trademark of
Dodo Books Indian Ocean Ltd. and OmniScriptum S.R.L publishing group

120 High Road, East Finchley, London, N2 9ED, United Kingdom
Str. Armeneasca 28/1, office 1, Chisinau MD-2012, Republic of Moldova, Europe
Printed at: see last page
ISBN: 978-620-8-20881-3

ÍNDICE DE CONTEÚDO

INTRODUÇÃO

A Química Medicinal trata da descoberta de fármacos, envolvendo muitos aspectos das ciências químicas, biológicas e farmacêuticas, e diz respeito à inovação, conceção, síntese de estruturas farmacêuticas potentes, caraterização, demonstração do seu modo de ação e construção de relações estrutura-atividade[1] . As ciências genómicas, a sequenciação rápida do ADN, a química combinatória e as técnicas computacionais, bem como as técnicas de rastreio de elevado rendimento, são muito úteis para identificar numerosos alvos hipotéticos, que são demonstrados no rastreio in vitro e in vivo para obter moléculas altamente potentes num curto espaço de tempo e também a baixo custo .[2][3]

Um ou mais heteroátomos que contenham estruturas heterocíclicas são parte fundamental da química medicinal devido ao seu potencial como agente farmacêutico bioativo. A maior parte dos agentes farmacêuticos bioactivos possui heteroátomos de azoto, oxigénio e enxofre, mas as moléculas heterocíclicas com fósforo, ferro, magnésio e selénio também são consideradas potentes estruturas de suporte[4] . O anel heterocíclico tem um papel significativo na produção de muitas moléculas naturais, como a clorofila, o ADN da hemoglobina, o ARN, as enzimas, a serotonina, as vitaminas, etc., que são essenciais para a vida humana[5] . As moléculas heterocíclicas combatem eficazmente as bactérias[6] , a hipertensão[7] , os tumores[8] , a depressão[9] , os fungos[10] , a tuberculose . [11]

Os anéis heterocíclicos são a parte central dos medicamentos comercializados que melhoram a interação com os locais de ligação das enzimas e dos receptores. Os andaimes heterocíclicos têm dadores e aceitadores de ligações de hidrogénio no seu esqueleto, o que facilita eficazmente a interação com enzimas e receptores específicos através de ligações de hidrogénio. Isto leva a um aumento da afinidade de ligação, bem como do seu potencial. A lipofilicidade das moléculas proporciona as propriedades farmacocinéticas necessárias .[12]

Hoje em dia, a potência e a eficácia de numerosos medicamentos comercializados estão a diminuir em relação a células cancerígenas, bactérias, fungos e outras doenças específicas, o que leva a um aumento da taxa de morbilidade e mortalidade e prolonga a duração da doença.

Observa-se que a cloroquina, a penicilina benzílica e a rifampicina adquirem resistência contra o P. Falcipum, o S. Auresus e a tuberculose, respetivamente. A RAM aumenta devido a uma propriedade inata dos microorganismos, mutação, acoplamento com outra estirpe ou transferência de ADN/ARN.[13]. A eficácia dos barbitúricos diminui com a utilização frequente devido ao desenvolvimento de oxidases no fígado que metabolizam os barbitúricos.[14]

A nível mundial, muitos investigadores e cientistas estão a tentar conceber novas entidades químicas de farmacóforo potente para resolver a resistência antimicrobiana. O benzimidazol é um dos principais suportes para a conceção e síntese de moléculas potentes.

A fração benzimidazol (BZ) é um farmacóforo imperativo entre os heterociclos. A preparação mais antiga do BZ foi revelada por Hobrecker em 1872.[15] Trata-se de um sistema de bicicletas fundidas de imidazol e benzeno

.[16] A combinação de imidazol com um anel aromático leva à redução do seu pKa de 6,95 para 5,5 . [17]

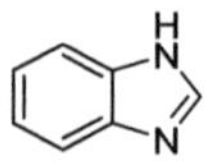

Benzimidazole
Figure 1

A solubilidade dos benzimidazóis é maior em ácidos diluídos e em bases fracas. Os BZs são frequentemente solúveis em solventes polares e menos solúveis em solventes orgânicos. A inserção de grupos polares e não polares no benzimidazol leva a uma maior solubilidade em solventes polares e não polares, respetivamente.[18]

IMPORTÂNCIA BIOLÓGICA DO BENZIMIDAZOL

As estruturas de BZ são agentes farmacêuticos de grande valor em química medicinal. O N-ribosil-dimetilbenzimidazol, que ocorre naturalmente, é uma composição indispensável da vitamina B . $_{12}$[19]

Os derivados à base de BZ possuem propriedades terapêuticas significativas, tais como antagonista[20] , antidiabético[21] , nueroprotector[22] , analgésico[23] , antibacteriano[24] , antifúngico[25] . O nocodazol (anticancerígeno), o rabeprazol (inibidor da bomba de protões), o tiabendazol (anti-helmíntico) e o candesartan (anti-hipertensivo) são medicamentos bem conhecidos disponíveis no mercado .[26]

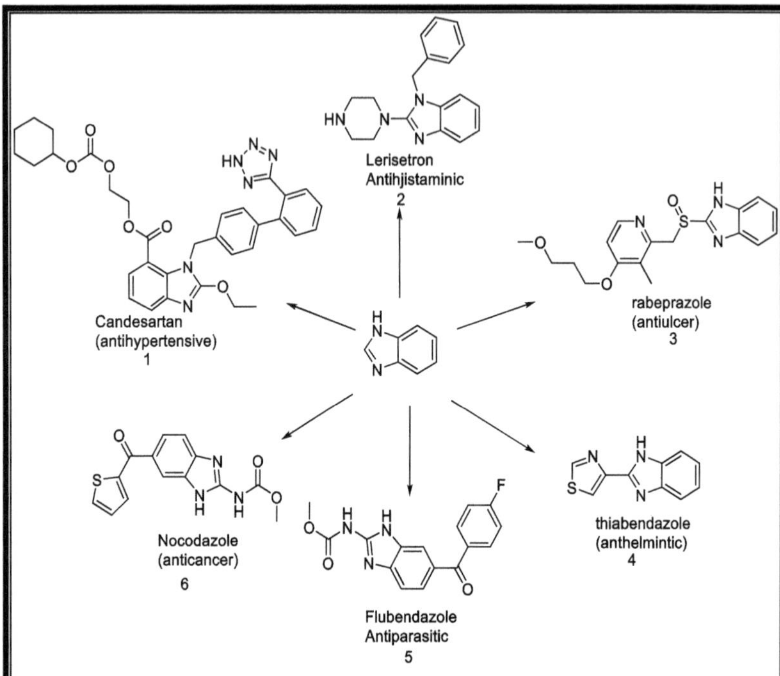

Figure 2 Marketed Drugs

ANTICANCER:

S. Jeyanthi et al. conceberam e prepararam moléculas de pirazolina incorporadas com benzimidazol **7a-g.** (Figura 3) A investigação das actividades de limpeza e antitumorais mostrou excelentes resultados. O derivado de flouro apresentou 38,75 ± 0,05μM IC50 contra MCF-7 .[27]

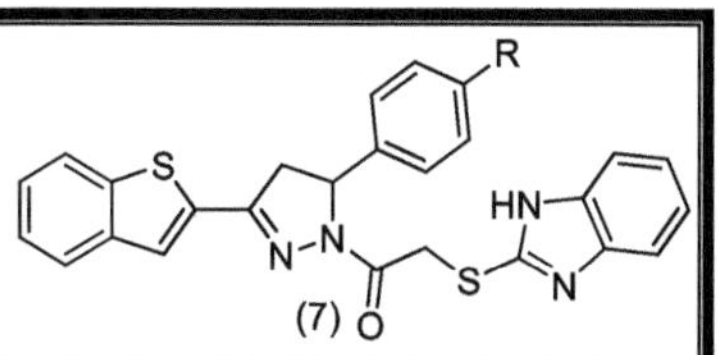

(7)

R= OCH_3,OCH_2CH_3, CH_3,H,F, Cl, NO_2

Figure 3

Uma Boda et al prepararam o triazol **8a-k** à base de benzo[d]imidazol, como se mostra na figura 4. A investigação antitumoral do 8a-k foi registada em relação ao Colo-205, A2780. O derivado com triflouro metano mostrou potência com valores IC50 de 0,23 e 0,82, por esta ordem .[28]

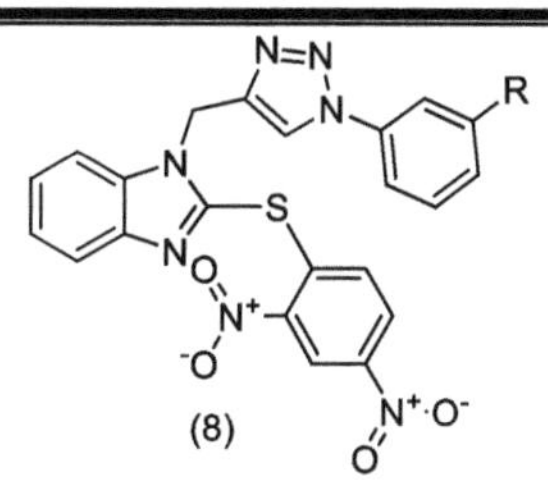

(8)

R=-2-CF_3, 4-F, 4-Cl, 3-CF_3,2-Br,4-CN, 3,3-diCl, 2,2-diF,4-Br,2,3-DiCH $_3$, H, 2-COPh

Figure 4

S Gali et al. prepararam derivados de oxazina **9a-j** incorporados em BZ, como se mostra na figura 5. A investigação antitumoral foi efectuada em relação a MCF-7 e MDA-MB-231. 8,60 e 6,30 μM IC_{50} foram registados pela molécula substituída por metoxi, por esta ordem .[29]

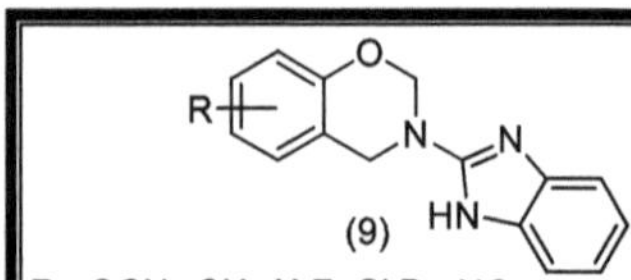

R= OCH_3 CH_3,H,F, Cl,Br, NO_2

Figure 5

Gopal Krishna et al relataram cetonas não saturadas à base de BZ (figura 6). Foi registado um valor GI50 de 12,27 e 26,13 μM para R= H e 4-Cl em relação a MDA-MB-231 .[30]

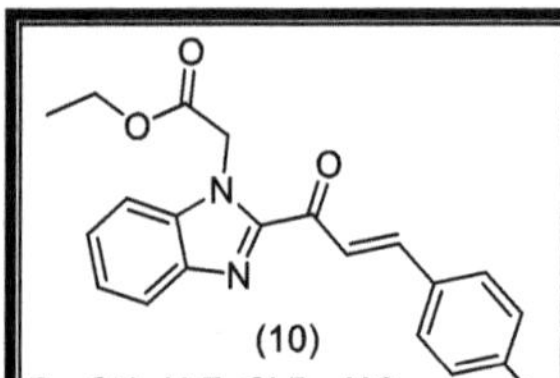

R= CH_3,H,F, Cl,Br, NO_2

Figure 6

Lamia et al relataram o rastreio anticancerígeno de derivados de benzimidazol apresentados na figura 7. A P-Toliltioureia e a piperazina carboxamida deram 25,8 e 48,3 μM IC_{50} contra MCF-7 .[31]

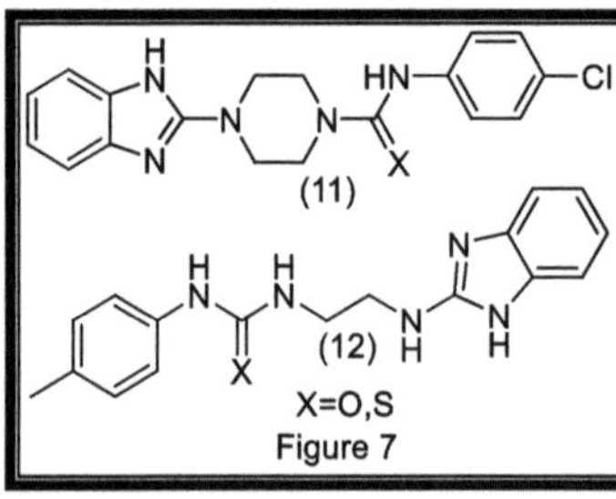

X=O,S

Figure 7

ANTIDIABÉTICO:

Lotfi et al avaliaram as moléculas BZ 13a-g contra a α-amilase e a α-glucosidase. A molécula substituída por 4-OCH_3 -Ph mostrou a maior concentração de meia inibição de 18,65 e 17,47 μM, respetivamente .[32]

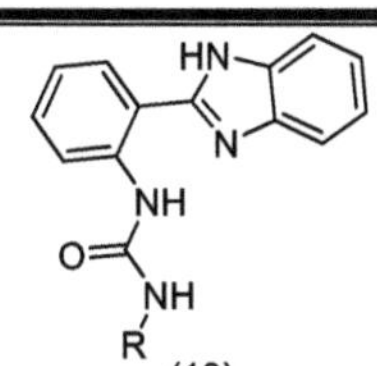

(13)

R=Ph, 4-OCH_3-Ph, Cyclohexane, Isopropyl, n-Butyl

Figure 8

Sardar Ali et al prepararam as bases de Schiff **14a-m** como se mostra na figura 9 e demonstraram o ensaio da α-glucosidase. O derivado de dietilamina apresentou uma inibição impressionante com IC50: 5,34 μM .[33]

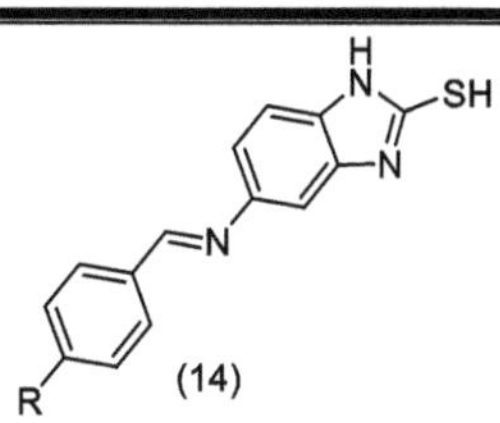

(14)

R= OH,Cl, $N(CH_2CH_3)$, 2,3-di OCH_3 2,4-di OCH_3, CH_3,NO_2,

Figure 9

Sher Ali Khan et al conceberam novos BZ incorporados em tiazolidinonas, apresentados na figura 10. O ensaio da α-Glucosidase apresentou 5,22 e 5,69 μM IC_{50} por derivados de 4-nitro e formilo .[34]

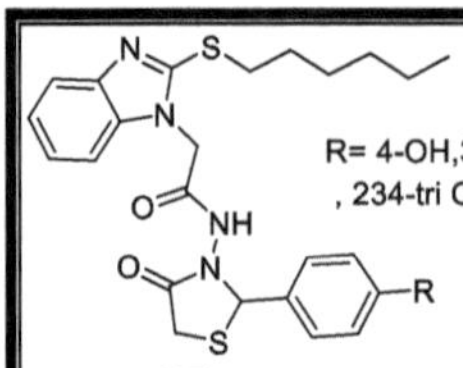

R= 4-OH,3-OH, 4-Cl, CHO, 4-N(CH_2CH_3), 234-tri OCH_3, CH_3,4-NO_2,

(15)
Figure 10

ANTIMICROBIANO:

Em Canh Pham et al., registaram **a 16a-k** através de uma abordagem amiga do ambiente (figura 11). As moléculas foram analisadas contra *E. coli, S.faecalis*. A substituição de $N(CH\ )_{32}$ por um grupo Cl-benzilo apresentou uma impressionante CIM de 4 µg/ml para ambas as culturas .[35]

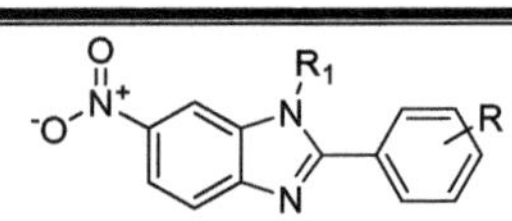

(16)

R_1=Allyl, Cl-benzyl
R= 4-OC_2H_5, 4-F, 4-N(CH_3)$_2$ 3,4-Cl, 3-OH,4-Cl,

Figure 11

Gopal K. Padhy et al demonstraram a investigação antibacteriana dos compostos pirazolínicos **17a-e** (figura 12). A molécula fluorada apresentou uma CIM de 64 µg/ml para *E.coli* e *S. auresus* .[36]

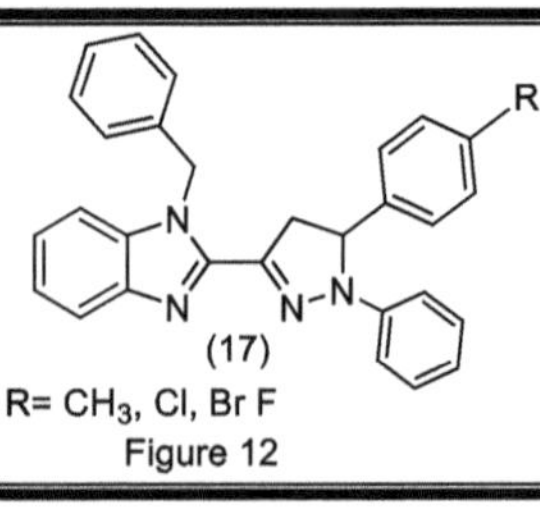

(17)

R= CH_3, Cl, Br F
Figure 12

Kajeen Hassan et al. prepararam estruturas fluoradas **18a-f** (figura 13). É necessário um cone de 7,8 µg/ml para resistir a *B. Subtilis* por derivados de 3-flouro[37] . Também inibe outras cinco culturas.

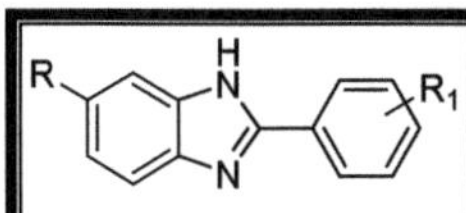

R=H, CH_3
R_1=2-F, 3-F, 4-F
(18)
Figure 13

Erkut Isik et al conceberam e prepararam os carbamatos de terc-butilo **19a-i** (apresentados na figura 14). A substituição do fenilo mostrou uma CIM digna de nota. Concentração de 25 µg/ml necessária para resistir a *P aureginosa, K. pneumoniae, S. thyphimirium* por R:R_1 = molécula Ph. O substituinte contendo enxofre apresentou 12,5 µg/ml de *P. aureginosa* .[38]

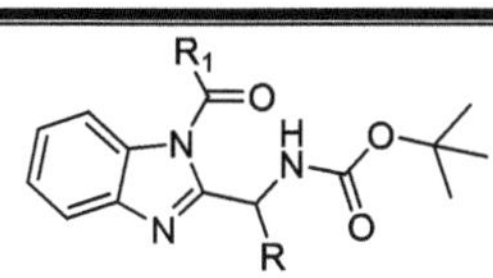

R_1= Ph, Napthalene
R= Ph, CH_2Ph, $CH(C_2H_5)$, CH_3,$CH_2CH_2SCH_3$
(19)
Figure 14

Abbood F. et al prepararam moléculas de benzimidazol à base de pirazol-3-il **20a-f** (figura 15). O derivado R= H e o derivado cloroacetilado apresentaram uma inibição de 12 a 20 mm da coloração bacteriana .[39]

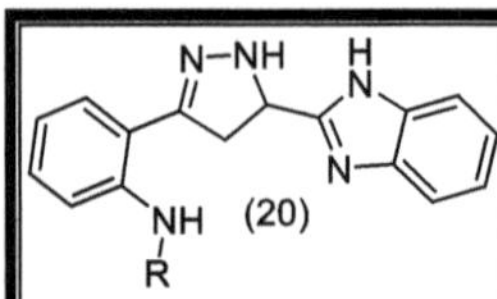

R=H, $COCH_2Cl$
Figure 15

ACTIVIDADES ANTIOXIDANTES:

Os derivados de N'-benzilideno-4-(5-cloro-1H-benzo[d]imidazol-2-il)benzohidrazida foram sintetizados por A. ISIK e colaboradores (figura 16). O composto **21d**, com substituição metiltio, apresentou um estado antioxidante total de 1,370 ± 0,058 mmol Trolox equiv./L. (21h) o derivado benziloxi apresentou 0,322 ± 0,019 TAS . [40]

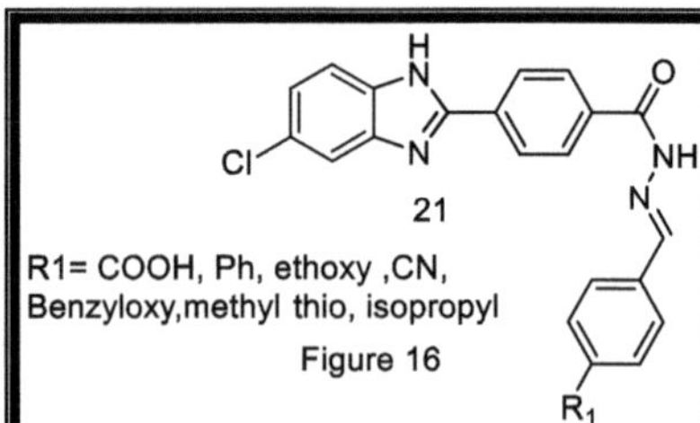

Figure 16

Singh, V. K e a sua equipa de investigação sintetizaram vários derivados de benzimidazol, tendo os compostos **22** e **23** mostrado 88,53 e 86,33% de actividades de eliminação de radicais utilizando o método DPPH.[41]

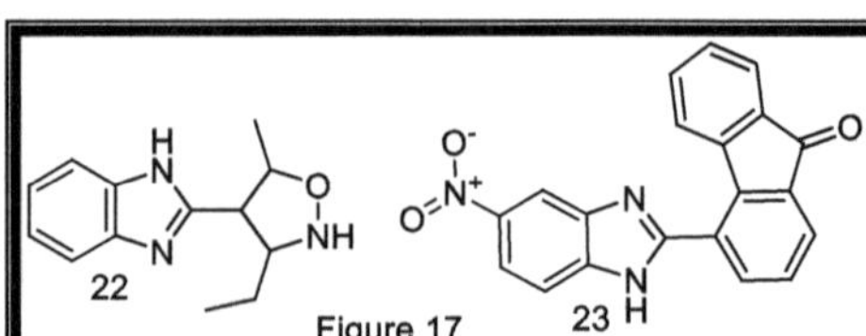

Figure 17

A N-(4-(1H-benzo[d]imidazol-2-il)fenil)-1-substituída-fenilmetanimina 1-12 foi concebida e preparada por Asma Eswayah e a sua equipa. As Com **24a** e **24b** com substituição de metilo e 2-OH apresentaram 81 e 84% de atividade antioxidante, respetivamente.[42]

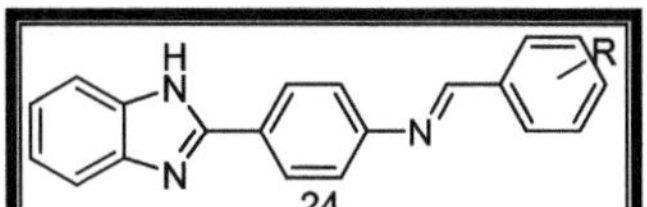

24

R=OH, H, Cl, NO_2,$N(CH_3)_2$, OCH_3,

Figure 18

Bhandari e colaboradores conceberam e prepararam derivados de oxadiazóis com incorporação de benzimidazol (figura 19). As propriedades de eliminação do radical **25a-d** foram investigadas utilizando o método DPPH. O composto substituído por 3-NO_2 -Ph mostrou um valor máximo de IC_{50} de 53,00±1,31 µg/ml.[43]

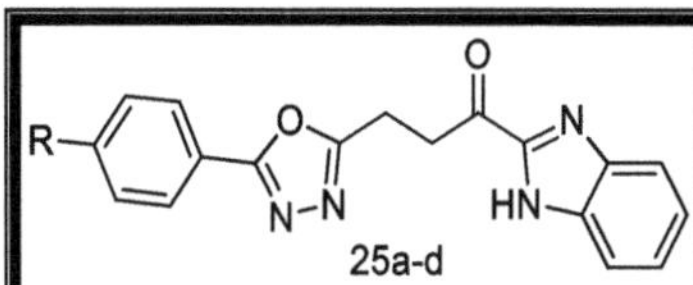

25a-d

Figure 19

Swikriti e colaboradores descobriram uma tremenda ação de eliminação de radicais e anti-inflamação do 3-(2-((benzilideno)amino-1H-benzo[d]imidazol-1-il)-1-fenilpropan-1-ona comp **26** por DPPH e procedimento de edema de pata.[44]

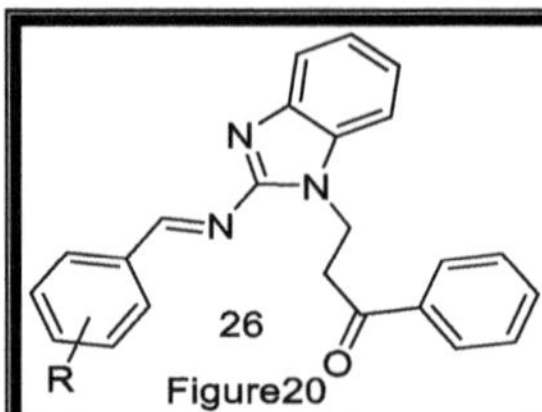

26

Figure20

COMUNICOU POUCAS ESTRATÉGIAS SINTÉTICAS

Yin-Feng Wang et al. relataram uma estratégia eficiente para isolar **28**. A O-fenilenodiamina (OPD) foi condensada com R-OH induzida por 15Pd/ZnO. A redução fotoquímica conduz à formação de **28** com um rendimento de até 99% de BZ .[45]

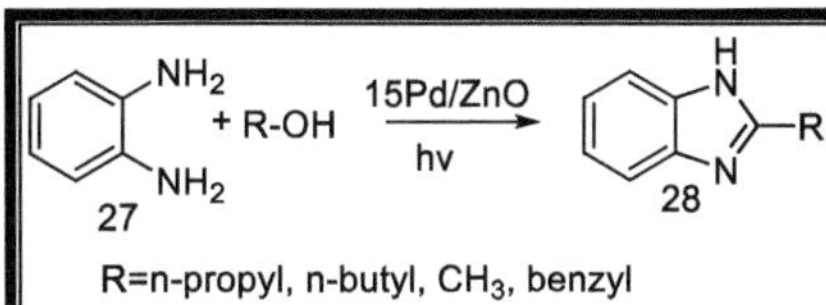

Figure 21

Homa Azizian et al. prepararam o derivado de benzimidazol **(31)** a partir do 3,4-diaminobenzoato de etilo**(29)**. Na S O225 facilita a condensação à temperatura de refluxo .[46]

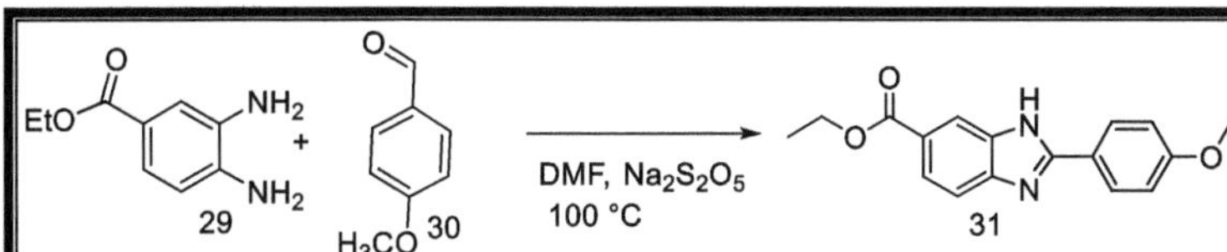

Figure 22

Shindhe et al. investigaram a preparação fácil de nanocatalisadores de prata à base de ferro. Esta via aumenta a economia de átomos e completa a reação em 15 minutos . [47]

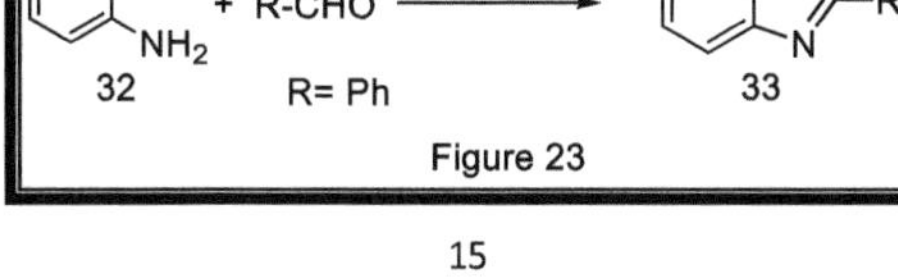

Figure 23

Khushbu Rajput et al. relataram uma síntese mais ecológica baseada em corantes. A eosina Y facilita a condensação fotoquímica de OPD e tolueno para obter 36a-e . [48]

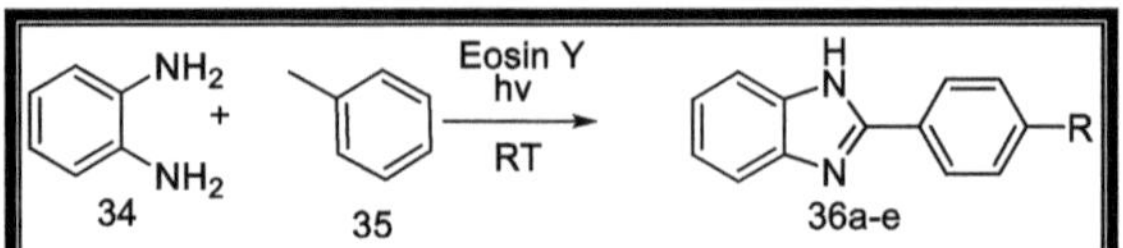

R= H, 2,3, di Cl, 4-F, OCH_3, NO_2

Figure 24

Suman Kusuma e colaboradores investigaram a preparação eficaz induzida por MgO@DFNS. A adição de 10% de catalisador mostrou a maior economia de átomos . [49]

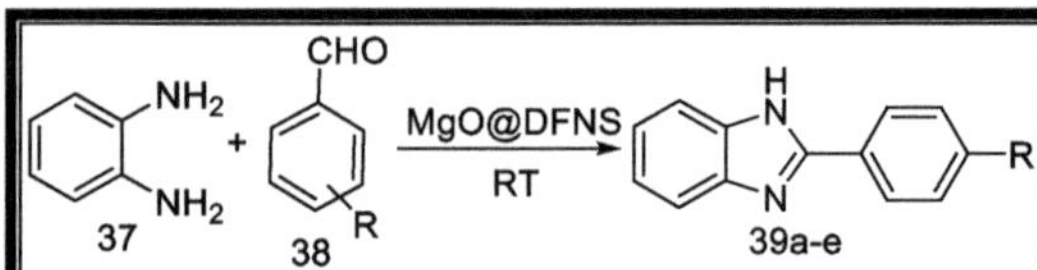

R= H, 3- Cl, 4-F,4-CF_3 3-CH_3 , Br

Figure 25

Boddapati S. M et al demonstraram uma nova via para sintetizar a N-substituída *fenil-1H-benzo*[d]imidazol-2-amina **43a-p**. Inicialmente, o enxofre foi eliminado da tioureia e acoplado a 41 para gerar 2-bromoarilguanidina **(42)**. O acoplamento C-N catalisado por Cu ocorreu com feniliodeto substituído para isolar **43a-p** .[50]

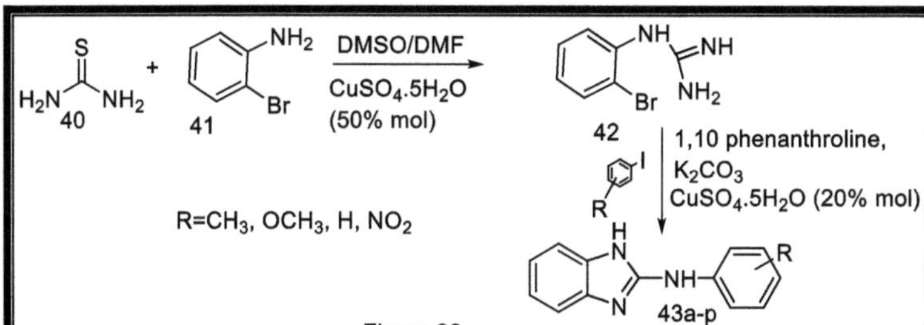

Figure 26

Jasem Aboonajmi e colaboradores investigaram a via mais ecológica catalisada por cloreto de ferro-porfirina para as moléculas 46a-r. A 1,2-Diketona **(44)** foi tratada com NH_4 OAc e bezaldeídos substituídos. As iminas inicialmente formadas foram submetidas a ciclização através de Fe(III)TPPCl .[51]

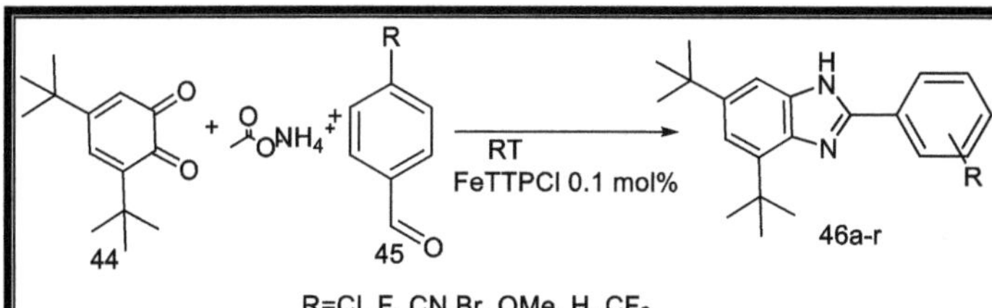

Figure 27

Ronak Haj Ersan et al registaram o 5,6-diclo benzimidazol **(49)**, como se mostra na figura 4.22. **47** foi submetido a ciclização catalisada por ácido com ácidos aromáticos para formar BZs .[52]

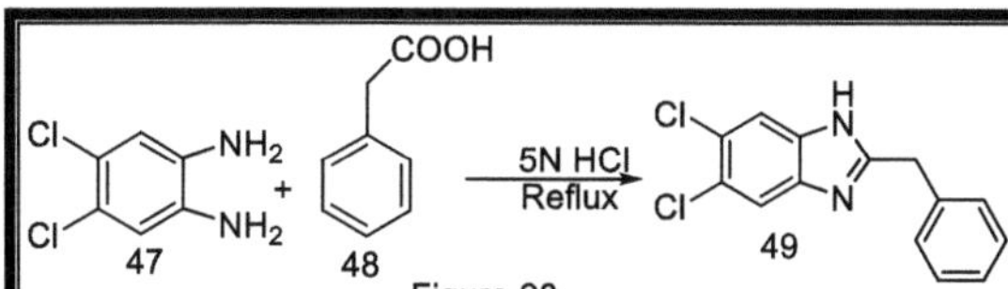

Figure 28

Bhusan Popatkar e colaboradores investigaram a preparação eficaz de **52a-e** induzida pelo líquido iónico [BMPTFB][53] .

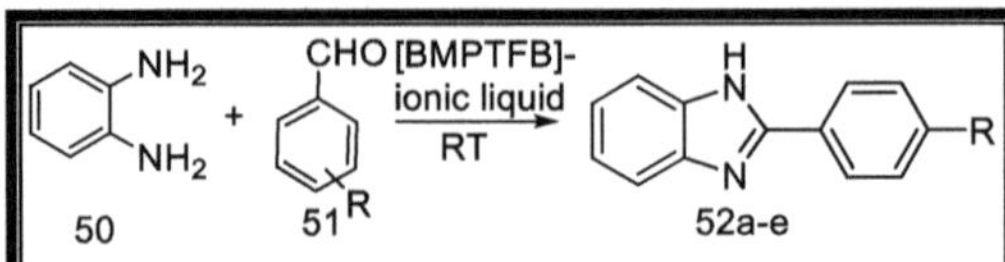

R= H, 3-Cl, 4-F,4-OCH_3 3-CH_3,

Figure 29

Sagne Jacques Akpa et al. registaram o 2-((2,4-diclorobenzil)tio)-*6-nitro-1H-benzo*[d]imidazol **(56)** através do acoplamento de cloreto de dicloro benzilo **55** e MBI **54**. O 4-nitrobenzeno-1,2-diamina foi condensado com CS_2 para obter *6-nitro-1H-benzoimidazole-2-thiol*(MBI) .[54]

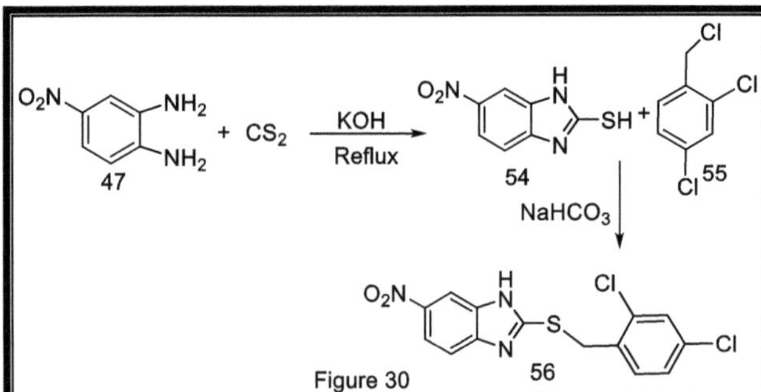

Figure 30

SÍNTESE DE DERIVADOS BENZIMIDAZÓLICOS DE PIRAZOLINAS COM CLAUSURA

Na presente secção, preparámos 2-((*1H-benzo*[d]imidazol-2-il)tio)-1-(5-substituído-fenil-3-(sustituído-fenil)-4,*5-dihidro-1H-pirazol-1-il*)etan-1-ona a partir de dihidropirazolina e 2-mercaptobenzimidazol.

Todos os compostos relatados foram elucidados por[1] H NMR,[13] C NMR, FTIR e espectros de massa.

Esquema de reação:

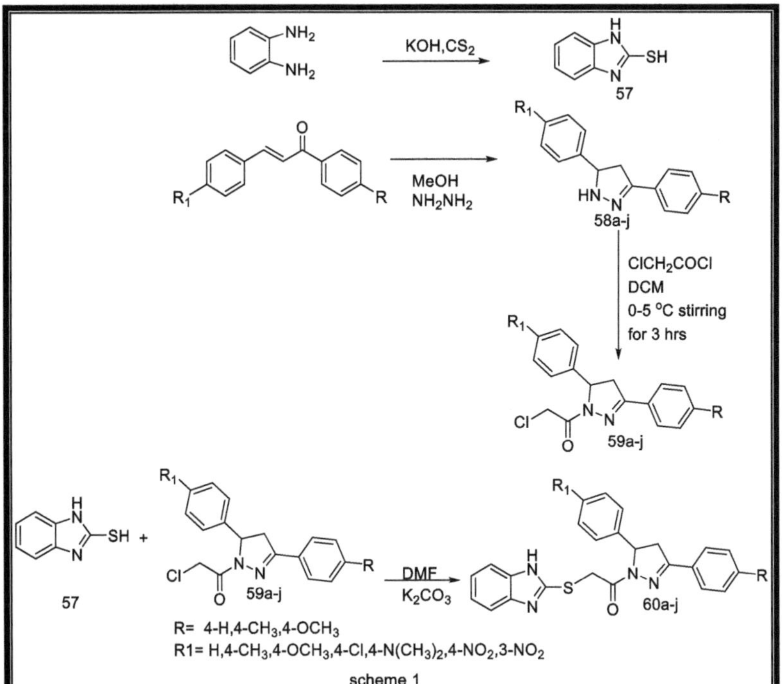

scheme 1

Mecanismo de Reação Plausível:

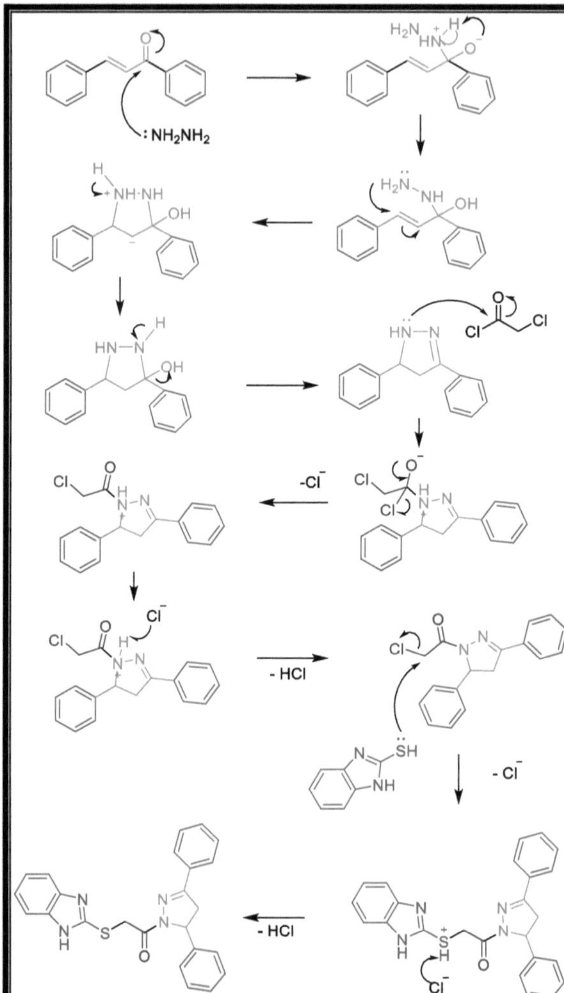

scheme 2

EXPERIMENTAL

Procedimento geral:

Síntese do 2-mercaptobenzimidazol

O 2-mercaptobenzimidazol foi preparado de acordo com o método descrito.[55]

Síntese de derivados de cloroacetilpirazolina

As pirazolinas foram preparadas de acordo com o método descrito[56]

Procedimento geral para a síntese de derivados de 2-((*4-etil-5-fenil-4H-1*,2,4-triazol-3-il)tio)-1-(3-(4-sub.fenil)-5-(substituída-fenil)-4,*5-di-hidro-1H-pirazol-1-il*)etan-1-ona :

O 2-mercaptobenzimidazol (0,008 mol), a 2-cloro-1-(4,5-di-hidro-5-(3-aril)-3-arilpirazol-1-il)etanona (0,008 mol) e o K_2 CO_3 anidro foram misturados em 50 ml de dimetilformamida em FBF. A massa de reação foi agitada durante 8-9 horas a 30-32^0 **C.** Em seguida, a mistura foi vertida em água refrigerada. O produto foi filtrado e recristalizado com álcool etílico.

DADOS ESPECTRAIS

2-((1H-benzo[d]imidazol-2-yl)thio)-1-(3-phenyl-5-(p-tolyl)-4,5-dihydro-1H-pyrazol-1-yl)ethan-1-one

Sólido branco, Fórmula molecular: C H N_{25224} OS; FTIR (cm^{-1} , KBr): 3197 (NH), 2942, 2908 (CH), 1651 (C=O), 1446 (C=C), 1339, 1242, 1024, 723;^{1} H NMR (500 MHz, δ ppm $CDCl_3$): 2.21 (H, CH_3) 3.25, 3.84 (dd,H,Pirazolina), 4.31, 4.43 (2H,CH_2), 5.68 (dd,H,CH), 7.28 - 7.91 (14H, Ar-H);^{13} C NMR (500 MHz, δ ppm $CDCl_3$): 21.51, 33.29, 42.98, 60.56, 122.82, 125.35, 127.35, 127.53, 128.08, 129.15, 129.69, 140.42, 141.81, 149.75, 157.05, 167.64; Mass: M^+ 427

2-((1H-benzo[d]imidazol-2-yl)thio)-1-(5-(4-nitrophenyl)-3-phenyl-4,5-dihydro-1H-pyrazol-1-yl)ethan-1-one

Sólido branco, Fórmula molecular: C H N_{241953} S O; FTIR (cm^{-1} , KBr): 3184 (NH), 2951, 2911 (CH), 1662 (C=O), 1501 (C=C), 1348, 1243, 1007, 716;^{1} H NMR (500 MHz, δ ppm $CDCl_3$): 3.21, 3.80 (dd,H, Pirazolina), 4.34, 4.46 (2H,CH_2), 5.66 (dd,H,CH), 6.98 - 7.86 (14H, Ar-H);^{13} C NMR (500 MHz, δ ppm $CDCl_3$): 33.61, 42.25, 60.11, 122.17, 125.28, 126.84, 127.14, 128.15, 129.30, 129.45, 140.31, 141.77, 149.72, 157.02, 167.51; Mass: M^+ 458

2-((1H-benzo[d]imidazol-2-yl)thio)-1-(5-phenyl-3-(p-tolyl)-4,5-dihydro-1H-pyrazol-1-yl)ethan-1-one

Sólido branco, Fórmula molecular: C H N_{25224} OS; FTIR (cm^{-1} , KBr): 3186 (NH), 2978, 2916 (CH), 1643 (C=O), 1450 (C=C), 1342, 1226, 1033, 740;^{1} H NMR (500 MHz, δ ppm $CDCl_3$): 2.23 (H, CH_3) 3.23, 3.82 (dd,H,Pirazolina), 4.32, 4.40 (2H,CH_2), 5.62 (dd,H,CH), 7.18 - 7.66 (14H, Ar-H);^{13} C NMR (500 MHz, δ ppm $CDCl_3$): 21.59, 33.34, 42.95, 60.56, 122.87, 125.37, 127.06, 127.55, 128.20, 129.22, 129.65, 140.52, 141.90, 149.77, 157.22, 167.87; Mass: M^+ 427

2-((1H-benzo[d]imidazol-2-yl)thio)-1-(5-(4-chlorophenyl)-3-(p-tolyl)-4,5-dihydro-1H-pyrazol-1-yl)ethan-1-one

Sólido branco, Fórmula molecular: C H_{2521} ClN_4 OS; FTIR (cm^{-1} , KBr): 3164 (NH), 2947, 2921 (CH), 1667 (C=O), 1498 (C=C), 1347, 1243, 1013, 849, 723;^{1} H NMR (500 MHz, δ ppm $CDCl_3$): 2.20 (H, CH_3) 3.23, 3.79 (dd,H, Pirazolina), 4.28, 4.41 (2H,CH_2), 5.59 (dd,H,CH), 7.05 - 7.88 (13H, Ar-H);^{13} C NMR (500 MHz, δ ppm $CDCl_3$): 21.53, 33.65, 42.64, 60.10,

122.87, 125.37, 127.26, 127.42, 128.10, 129.24, 129.52, 131.24 140.38, 141.87, 149.45, 157.01, 167.66 Massa : M^{+2} 462

2-((*1H-benzo*[d]imidazol-2-il)tio)-1-(5-(4-(dimetilamino)fenil)-3-(p-tolil)-4,*5-dihidro-1H-pirazol-1-il*)etan-1-ona

Sólido branco, Fórmula molecular: C H N_{27275} OS; FTIR (cm-1, KBr): 3203 (NH), 2968, 2924 (CH), 1647 (C=O), 1501 (C=C), 1360, 1239, 1011, 708 (S-C);^{1} H NMR (500 MHz, δ ppm $CDCl_3$): 2.21 (H, CH_3), 2.84 (H, CH_3) 3.32, 3.79 (dd,H,Pirazolina), 4.24, 4.45 (2H,CH_2), 5.61 (dd,H,CH), 6.81 - 7.98 (13H, Ar-H);^{13} C NMR (500 MHz, δ ppm $CDCl_3$): 21.49, 33.42, 42.61, 42.73, 59.82, 122.88, 125.45, 127.27, 127.41, 129.85, 140.37, 141.95, 148.40, 149.36, 157.15, 167.62; Mass: M 470^{+}

2-((1H-benzo[d]imidazol-2-yl)thio)-1-(5-(3,4-dimethoxyphenyl)-3-(p-tolyl)-4,5-dihydro-1H-pyrazol-1-yl)ethan-1-one

Sólido branco, Fórmula molecular: C H N_{272643} S O; FTIR (cm^{-1} , KBr): 3250 (NH), 2934, 2917 (CH), 1659 (C=O), 1489 (C=C), 1207, 1011, 706;^{1} H NMR (500 MHz, δ ppm $CDCl_3$): 2.24 (H, CH_3) 3.28, 3.79 (dd,H,Pirazolina), 3.89 (H, OCH_3) 4.24, 4.41 (2H,CH_2), 5.54 (dd,H,CH), 6.98 - 7.91 (12H, Ar-H);^{13} C NMR (500 MHz, δ ppm $CDCl_3$): 21.42, 33.41, 42.45, 55.42, 59.97, 122.63, 125.42, 127.41, 127.54, 129.60, 140.32, 141.89, 148.30, 148.42 149.02, 157.22, 167.84; Mass: M^{+} 487

2-((1H-benzo[d]imidazol-2-yl)thio)-1-(5-(3-nitrophenyl)-3-(p-tolyl)-4,5-dihydro-1H-pyrazol-1-yl)ethan-1-one

Sólido branco, Fórmula molecular: C H N_{252153} S O; FTIR (cm^{-1} , KBr): 3177 (NH), 2937, 2927 (CH), 1670 (C=O), 1506 (C=C), 1347, 1223, 1018, 713;^{1}

H NMR (500 MHz, δ ppm $CDCl_3$): 2.19 (H, CH_3), 3.38, 3.85 (dd,H,Pirazolina), 4.35, 4.46 (2H,CH_2), 5.58 (dd,H,CH), 7.02 - 8.17 (13H, Ar-H);[13] C NMR (500 MHz, δ ppm $CDCl_3$): 21.46, 33.31, 42.49, 60.12, 122.82, 125.35, 127.21, 127.45, 129.15, 140.34, 141.45, 148.53, 149.24, 157.35, 167.40; Mass: M^+ 472

2-((1H-benzo[d]imidazol-2-yl)thio)-1-(3-(4-methoxyphenyl)-5-(4-nitrophenyl)-4,5-dihydro-1H-pyrazol-1-yl)ethan-1-one

Sólido branco, Fórmula molecular: C H N_{252154} S O; FTIR (cm^{-1} , KBr): 3250 (NH), 3066, 2935, 2839 (metoxi), 1658 (C=O), 1527 (C=C), 1346, 1253, 1176, 1041, 698;[1] H NMR (500 MHz, δ ppm $CDCl_3$): 3.19, 3.92 (dd,H,Pirazolina), 3.88 (H, OCH_3), 4.37 (2H,CH_2), 5.68 (dd,H,CH), 6.94 - 8.15 (13H, Ar-H);[13] C NMR (500 MHz, δ ppm $CDCl_3$): 33.61, 42.61, 55.51, 59.77, 114.43, 121.00, 122.52, 123.13, 128.63, 130.33, 131.55, 142.68, 148.65, 149.33, 156.17, 162.24,167.92; Mass: M 488^+

2-((*1H-benzo*[d]imidazol-2-il)tio)-1-(3-(4-clorofenil)-5-(4-(dimetilamino)fenil)-4,*5-di-hidro-1H-pirazol-1-il*)etan-1-ona

Sólido branco, Fórmula molecular: C H_{2624} ClN_5 OS; FTIR (cm^{-1} , KBr): 3267 (NH), 3067, 2939 (CH), 1661 (C=O), 1601 (C=C), 1246, 1163, 1033, 703;[1] H NMR (500 MHz, δ ppm $CDCl_3$): 2.89 (H, CH_3) 3.42, 3.81 (dd,H,Pirazolina), 4.31, 4.46 (2H,CH_2), 5.60 (dd,H,CH), 6.91 - 8.05 (13H, Ar-H);[13] C NMR (500 MHz, δ ppm $CDCl_3$): 33.97, 42.01, 42.25, 60.11, 112.68 115.23, 122.24, 123.25, 130.64, 131.29, 142.45, 148.82, 148.43, 156.87, 167.51; Mass: M 491^{+2}

2-((1H-benzo[d]imidazol-2-yl)thio)-1-(3-(4-chlorophenyl)-5-(3,4-dimethoxyphenyl)-4,5-dihydro-1H-pyrazol-1-yl)ethan-1-one

Sólido branco, Fórmula molecular: C H_{2623} ClN O_{43} S; FTIR (cm^{-1} , KBr): 3225 (NH), 3039, 2935 (CH), 2839, 1654 (C=O), 1587 (C=C), 1257, 1151, 1026, 714;[1] H NMR (500 MHz, δ ppm $CDCl_3$): 3.23, 3.73 (dd,H,Pirazolina), 3.82 (H, OCH_3), 4.24, 4.43 (2H,CH_2), 5.51 (dd,H,CH), 6.91 - 7.95 (12H, Ar-H);[13] C NMR (500 MHz, δ ppm $CDCl_3$): 33.45, 42.50, 55.69, 59.81, 114.51, 121.17, 122.24, 123.17, 130.33, 131.64, 142.65, 148.63, 148.75, 149.32, 156.40, 167.77; Mass: M^{+2} 508

4.2.5 ANÁLISE ELEMENTAR

Composto	R	R'	Fórmula	PM ^0C	Rendimento %	Análise elementar							
						Calculada %				Encontrado%			
						C	H	N	S	C	H	N	S
60a	H	4-CH_3	$C\ H\ N_{25224}\ OS$	150	66	70.40	5.20	13.14	7.52	70.30	5.08	13.05	7.40
60b	H	4-NO_2	$C\ H\ N\ O\ S_{241953}$	166	68	63.01	4.19	15.31	7.01	62.91	4.11	15.25	6.90
60c	4-CH_3	H	$C\ H\ N_{25224}\ OS$	180	71	70.40	5.20	13.14	7.52	70.02	5.08	13.10	7.41
60d	4-CH_3	4-Cl	$C\ H_{2521}\ ClN_4\ OS$	136	65	65.14	4.59	12.15	6.95	65.05	4.51	12.09	6.85
60e	4-CH_3	4-N(CH)$_{32}$	$C\ H\ N_{27275}\ OS$	162	64	69.06	5.80	14.91	6.83	69.00	5.69	14.84	6.71
60f	4-CH_3	3,4-di OCH_3	$C\ H\ N\ O\ S_{272643}$	146	73	66.65	5.39	11.51	6.59	66.52	5.32	11.40	6.59
60g	4-CH_3	3-NO_2	$C\ H\ N\ O\ S_{252153}$	160	68	63.68	4.49	14.85	6.80	63.60	4.41	14.80	6.76
60h	4-OCH_3	4-NO_2	$C\ H\ N\ O\ S_{252154}$	156	74	61.59	4.34	14.37	6.58	61.50	4.20	14.29	6.43
60i	4-Cl	4-N(CH)$_{32}$	$C\ H_{2624}\ ClN_5\ OS$	138	70	63.73	4.94	14.29	6.54	63.61	4.58	14.20	6.41

60j	4-Cl	3,4-di OCH_3	C H_{2623} ClN O S_{43}	146	69	61.59	4.57	11.05	6.32	61.45	4.50	11.00	6.20

Quadro 1: análise elementar, % de rendimento e constante física de 60a-60j

ESPECTRO DE NMR, IR e MASS

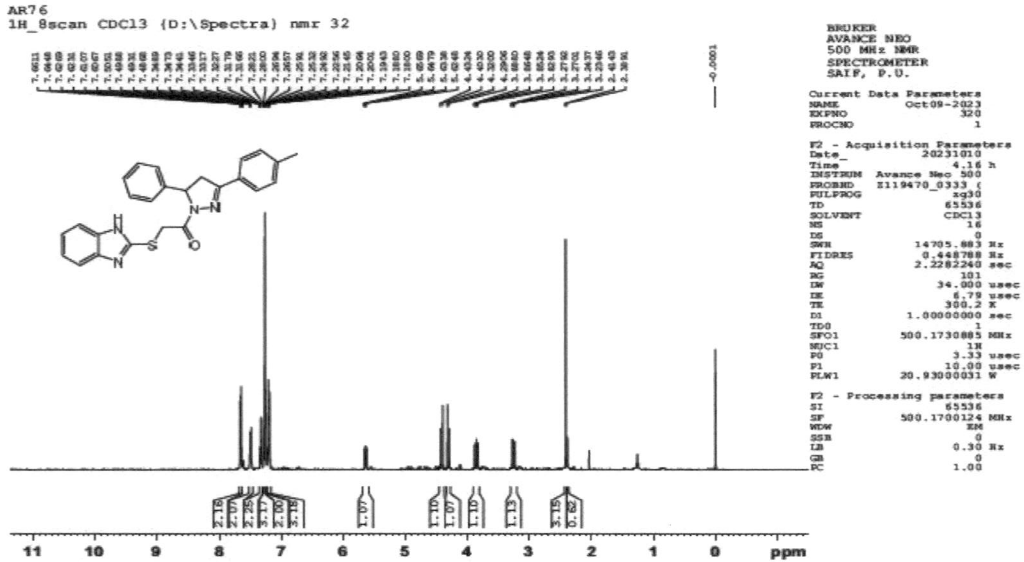

Figura 31: [1] Espectro de RMN de 60c

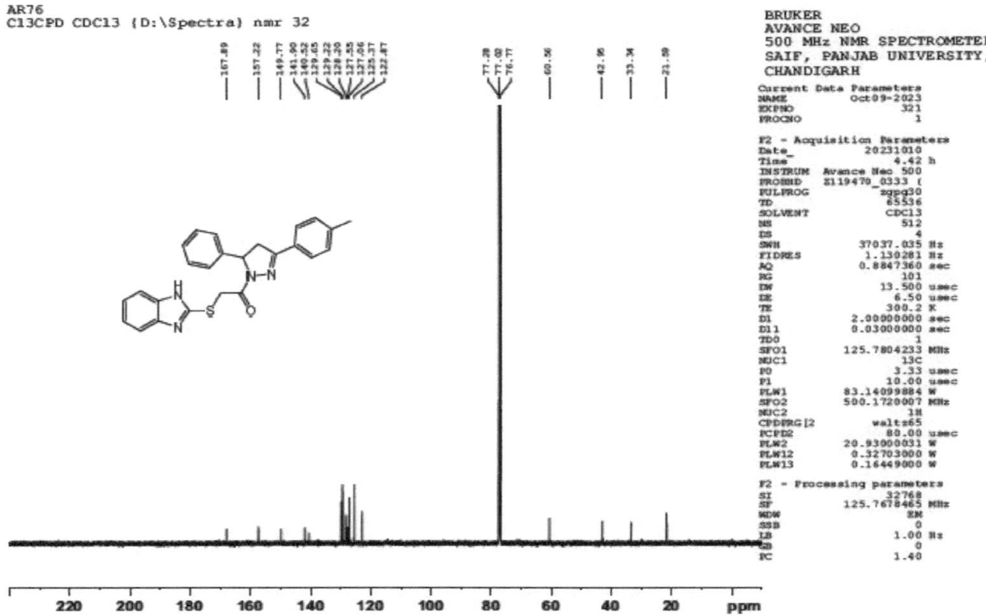

Figura 32: [13] Espectro de CNMR de 60c

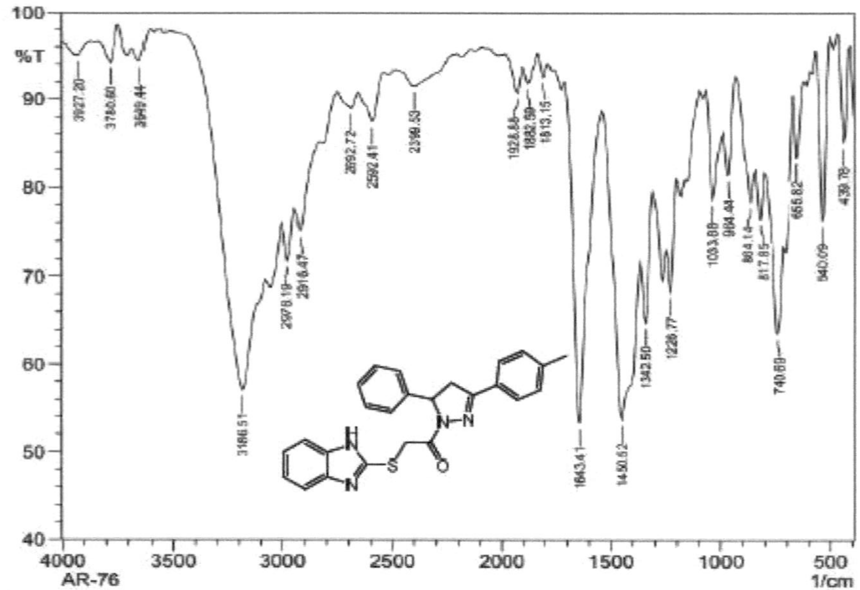

Figura 33: Espectro FTIR de 60c

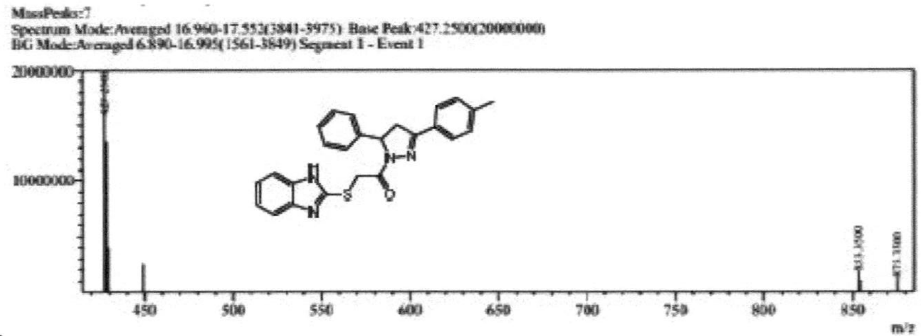

Figura 34: Espectro LCMS de 60c

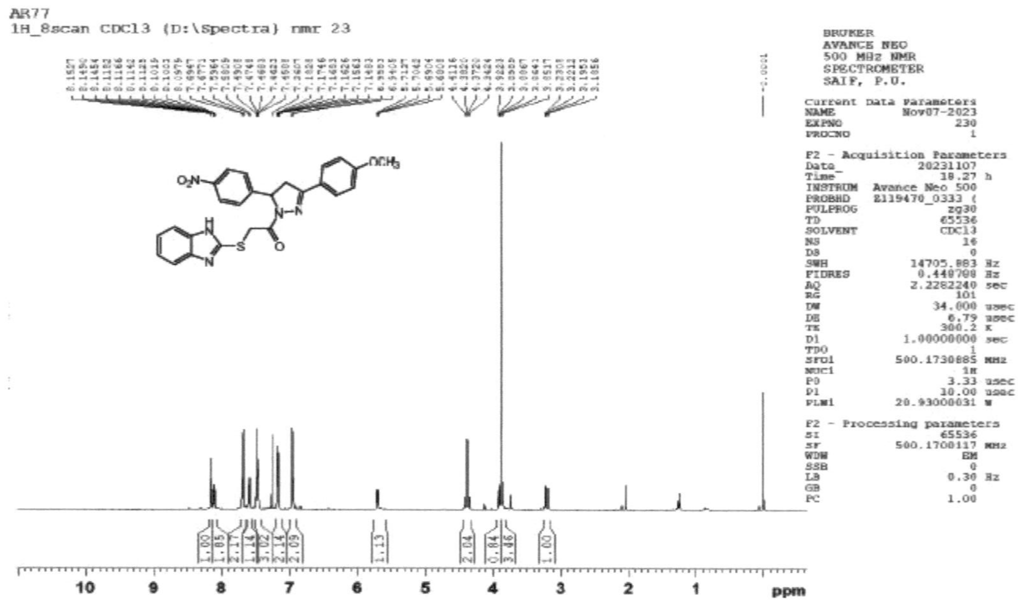

Figura 35: [1]Espectro de RMN H de 60h

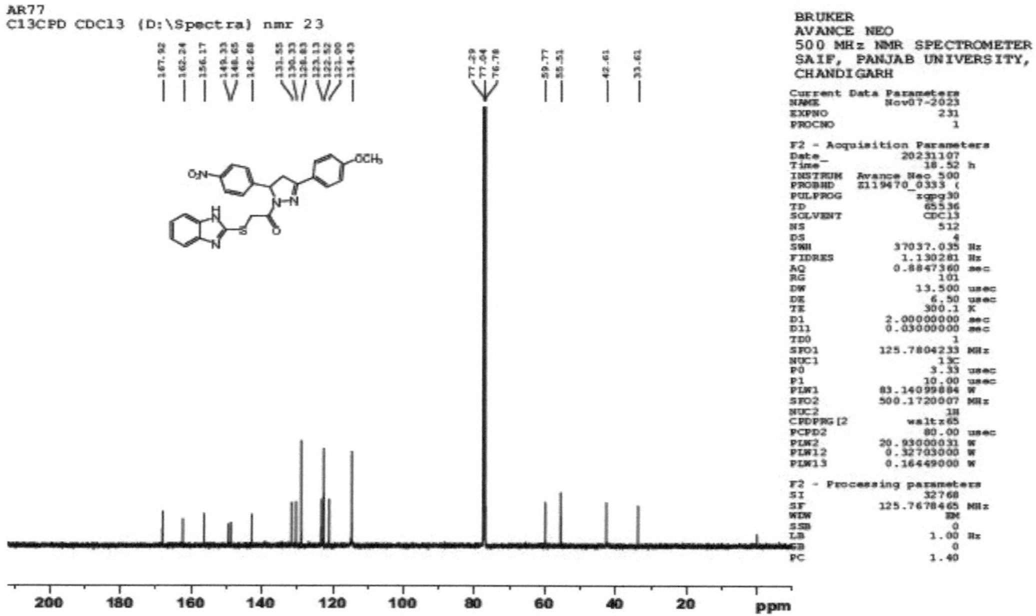

Figura 36: ^{13}C Espectro de RMN de 60h

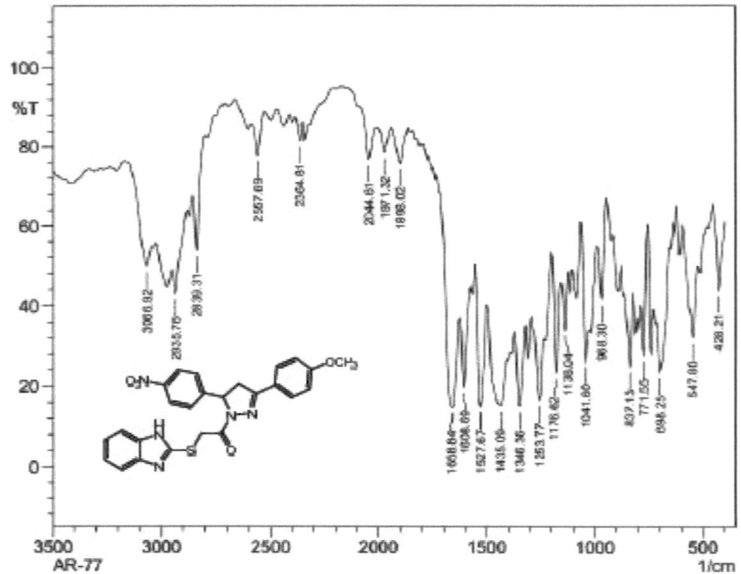

Figura 37: Espectro FT-IR de 60h

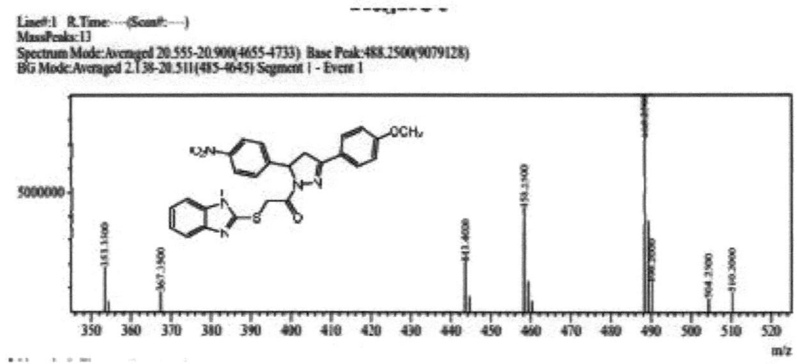

Figura 38: Espectro LCMS de 60h

Novas moléculas

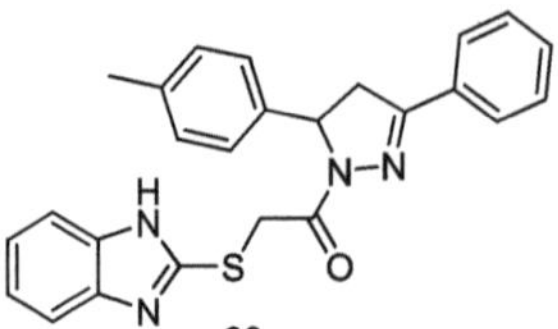

60a

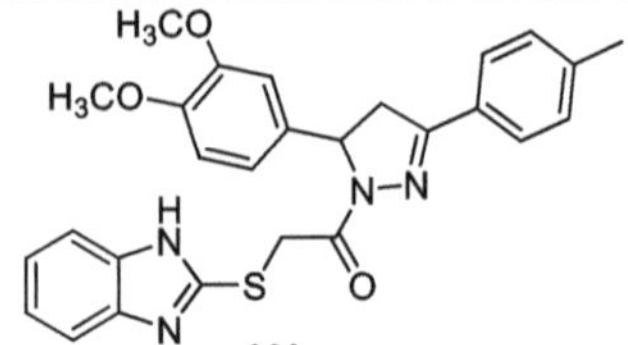

60f

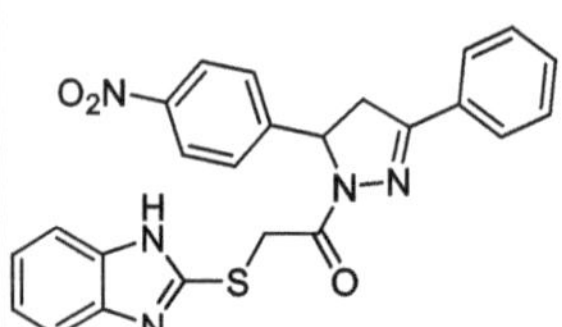

60b

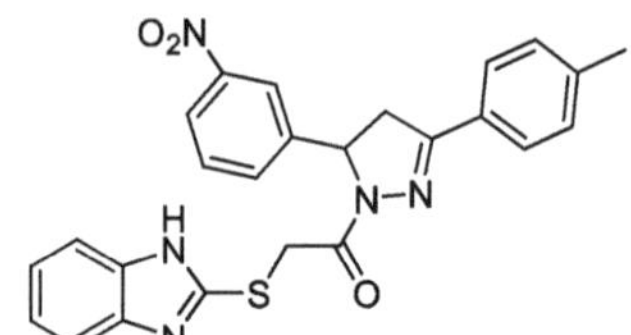

60g

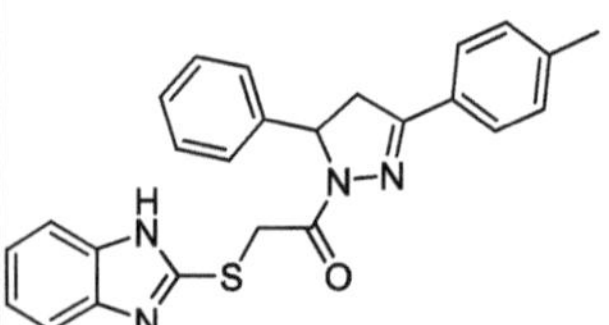

60c

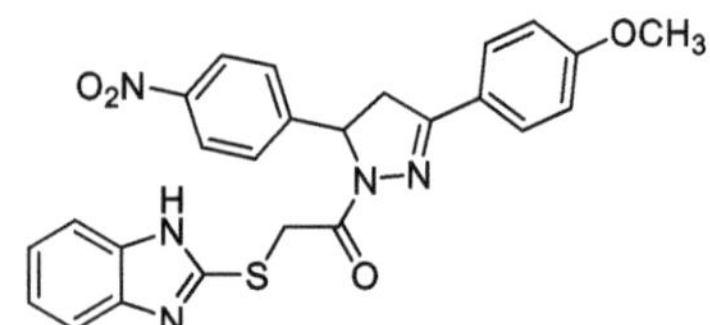

60h

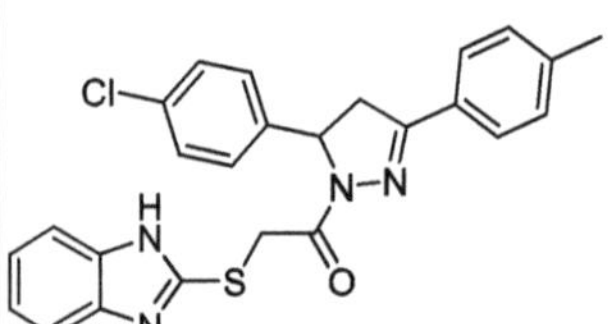

60d

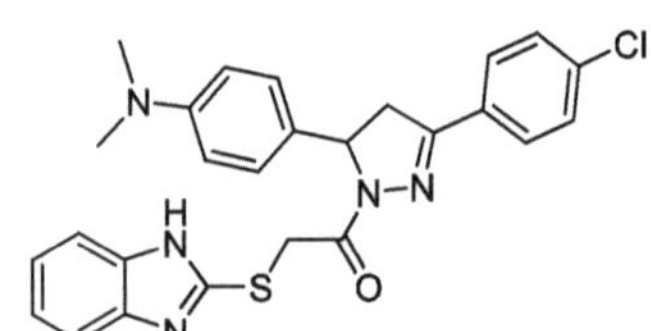

60i

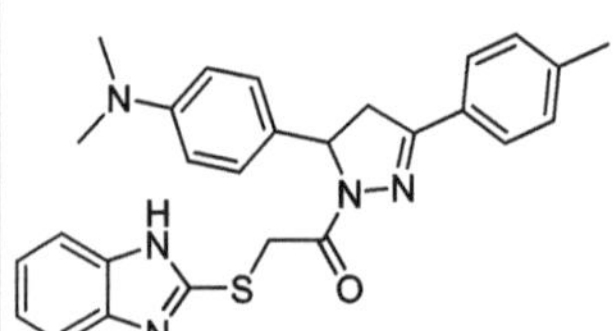

60e

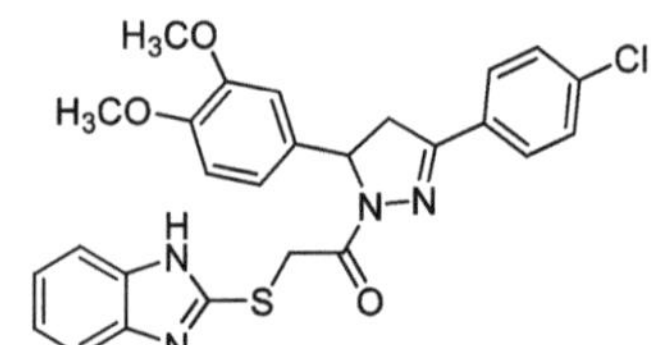

60j

figure 39

AVALIAÇÃO BIOLÓGICA E DOCAGEM MOLECULAR

Atualmente, temos demonstrado actividades antimicrobianas e antioxidantes. Também realizámos docking molecular de novas moléculas.

Introdução

As infecções microbianas são um dos principais problemas a nível mundial que conduzem à morbilidade e à mortalidade. A inibição de micróbios é essencial para impedir a transmissão de doenças. As moléculas farmacêuticas activas são utilizadas para inibir as infecções, sendo que o composto mata os microrganismos perigosos. O termo quimioterapia foi introduzido por Paul Ehrlich. A arsfenamina foi preparada por Ehrlich para inibir *a sífilis*[57]. O agente quimioterapêutico combate a doença microbiana destruindo as bactérias pretendidas .[58]

Em 1932, o Prontosil como agente quimioterapêutico foi desenvolvido por Domagk[59]. Nas últimas décadas, foram concebidas e preparadas numerosas moléculas farmacêuticas potentes para a descoberta de medicamentos. A literatura revela que a maioria dos farmacóforos são heterociclos.

Bactérias

O termo "bactéria" é utilizado para designar microrganismos com uma forma comparativamente simples e primitiva de "procariota"[60]. Possuem um tamanho médio de célula de 0,1 µm[61]. As paredes celulares dos procariotas que possuem cromossomas de ADN circular único são feitas de peptidoglicano e fosfolípidos .[62]

Os procedimentos de coloração de Gram e KOH são utilizados para reconhecer as bactérias como Gram-positivas ou Gram-negativas[63] . A investigação de ambas as categorias é necessária porque alguns fármacos são mais eficazes apenas contra as bactérias Gram-negativas (por exemplo, Srteptomicina) ou Gram-positivas (por exemplo, Voncomicina).

Fungos

Os fungos são eucariotas não fotossintéticos que crescem quer como colónias de células individuais (leveduras) quer como agregados multicelulares filamentosos (bolores). A maioria dos fungos vive como sapróbios no solo ou em material vegetal morto e são importantes na mineralização da matéria orgânica. Alguns são patogénicos para o homem e para os animais.

A avaliação pode ser efectuada através dos seguintes métodos:

Método turbidométrico,

Método de diluição em estrias de ágar,

Método de diluição em série,

Método de difusão em ágar.

Rastreio antimicrobiano e antioxidante:

Avaliação antimicrobiana

Os derivados de pirazolina AR_1 - AR_{75} foram investigados quanto ao seu comportamento antibacteriano e antifúngico utilizando o método de difusão em disco de ágar[64] . Foi demonstrado que *S. aureus* (MTCC-96), *B. subtilis*

(MTCC441), *E. coli* (MTCC-442), *E.aerogenes* (MTCC109), *C.albican* (MTCC-227) *e A.niger* (MTCC282) revelaram a potência de AR -AR_{175} . A amoxicilina, a ciprofloxacina e o fluconazol foram utilizados como padrão.

Avaliação de Antioxidantes:

A investigação antioxidante foi efectuada através do método de eliminação de DPPH[65] . Foram preparadas amostras de 200, 150, 100, 50 µg/ml de AR -AR_{175} utilizando álcool metílico. Foram retirados 2 mL de amostra com 2 mL de DPPH a 0,004% (W/V) e mantidos durante 1 hora para interagir. A absorvância foi medida a 517 nm por um espetrofotómetro Perkin-Elmer Lambda 25 UV-Vis. O ácido ascórbico foi utilizado como medicamento padrão. As acções de eliminação de radicais das amostras investigadas foram premeditadas através da seguinte equação:

% de inibição = $(A_0 - At)/Ao * 100$

Os resultados das actividades antioxidante e antimicrobiana são apresentados nos quadros 2 e 3.

Código Comp.	**% de inibição**		
	50 µg/ml	**100 µg/ml**	**150 µg/ml**
60a	22.32	33.45	41.23
60b	24.56	32.98	42
60c	23.87	30.86	40.08
60d	26.52	35.78	47.46
60e	26.77	37.46	48.03
60f	23.45	34.45	45.56
60g	23.15	31.46	42.84

60h	22.18	34.76	48.86
60i	24.26	35.63	46.12
60j	24.09	36.12	44.38
Ácido ascórbico	83.40	87.28	88.60

Quadro 2 : Atividade antioxidante da 2-((1H-benzo[d]imidazol-2-il)tio)-1-(5-substituída-fenil-3-(sustituída-fenil)-4,5-di-hidro-1H-pirazol-1-il)etan-1-ona

Composto	**Zona de inibição (mm)**					
	Gram positivo		**Gram negativo**		**Estirpes de fungos**	
	S. aureus	***B. subtilis***	***E. coli***	***E.aerogenes***	***C.albican***	***A.niger***
60a	24	18	15	16	18	17
60b	22	15	16	18	15	15
60c	21	18	13	15	17	15
60d	28	22	17	18	18	18
60e	27	20	16	17	19	18
60f	23	18	18	16	20	20
60g	24	21	14	14	14	15
60h	32	23	18	19	19	18
60i	27	22	17	17	20	19
60j	30	23	18	18	21	19
Amoxicilina	40	28	22	24	-	-
Ciprofloxacina	40	36	28	30	-	-
Fluconazol	-	-	-	-	28	26

Quadro 3: atividade antimicrobiana da 2-((1H-benzo[d]imidazol-2-il)tio)-1-(5-substituída-fenil-3-(sustituída-fenil)-4,5-di-hidro-1H-pirazol-1-il)etan-1-ona

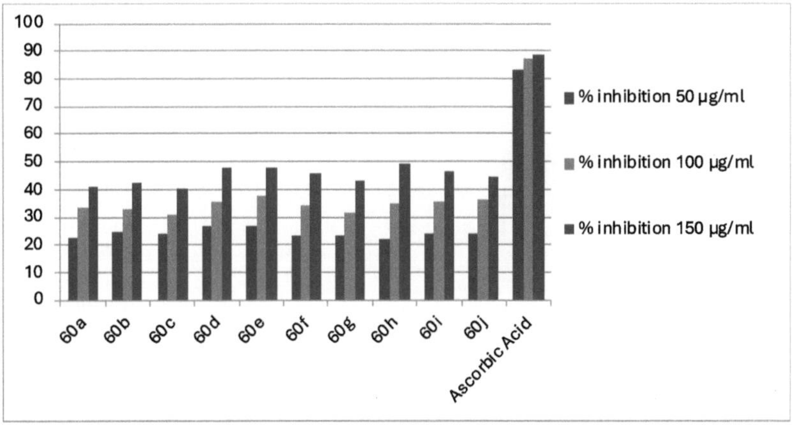

Figura 40: actividades antioxidantes de 60a-60j

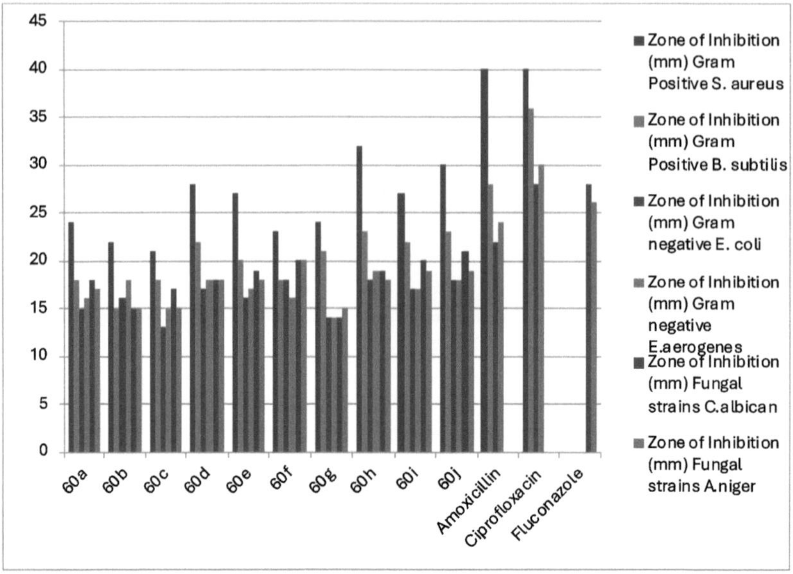

Figura 40: actividades antimicrobianas de 60a-60j

Docagem molecular:

O rastreio da conceção de medicamentos assistido por computador é rápido e fiável. Permite a investigação de milhares de moléculas para uma proteína específica.

A química de combinação é útil para a preparação rápida de um grande número de compostos, mas a avaliação experimental destes compostos seria dispendiosa e mais lenta. A ferramenta CADD pode ser utilizada para preparar uma biblioteca de moléculas apenas potentes, o que minimiza os fracassos dos ensaios clínicos .[66]

As moléculas com excelente afinidade de ligação podem ser sintetizadas e avaliadas experimentalmente para obter o composto principal

O docking molecular é utilizado para assumir a configuração dos complexos proteína-ligando. Este rastreio permite encontrar moléculas farmacêuticas potentes. Os graus de liberdade translacional e rotacional são utilizados para prever numerosos locais de interação entre a molécula e a proteína. A função de avaliação da docagem é importante para atribuir as pontuações mais adequadas e a afinidade de ligação tendo em conta a ligação de hidrogénio, as interações electroestáticas e hidrofóbicas .[67-69]

Material e métodos:

A proteína (1KZN) foi descarregada do RCBS. A interação foi registada através do AutoDock Vina. O Discovery Studio foi utilizado para visualizar a intreracção dos complexos recetor-ligando .[70]

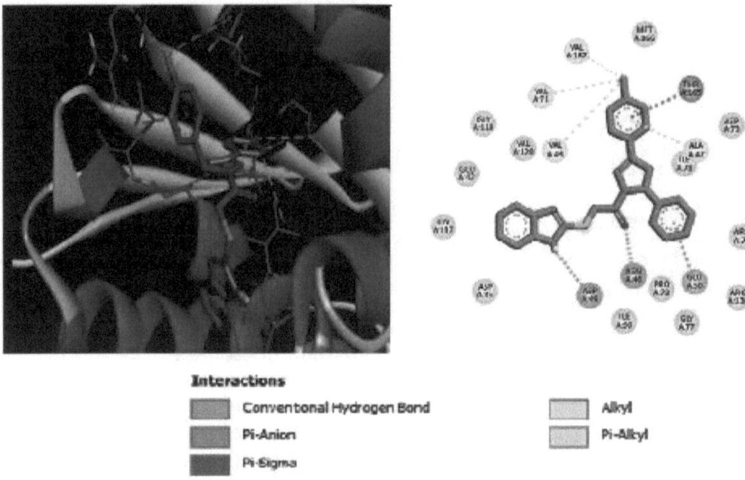

Figura 41: Interação da comp. 60c com 1KZN

Figura 42: Interação da comp. 60f com 1KZN

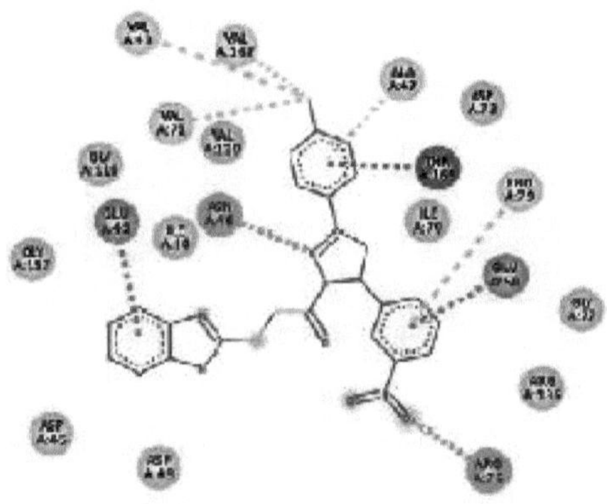

Figura 43: Interação da comp. 60g com 1KZN

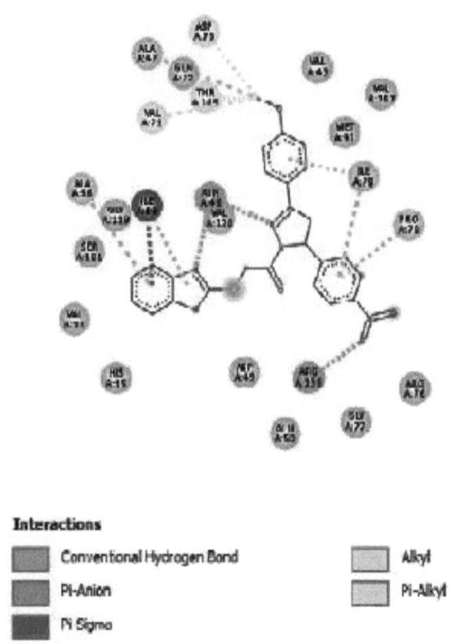

Figura 44: Interação da comp. 60h com 1KZN

Composto	Energia de ligação (Kcal/mol)	Interações de aminoácidos
60a	-8.6	ARG76, GLU50, ALA53,LEU52, ILE78, ILE90
60b	-8.6	GLU50, ILE90, PRO79, ASP45, ARG76, ILE78
60c	-9.1	ASP49, ASN45, VAL167, VAL71,VAL43, THR165, ALA47, GLU50
60d	-9.3	ALA47, THR165, GLU50 ,GLU42, ARG76, PRO79, VAL167, VAL71,VAL43
60e	-8.2	VAL167, VAL71,VAL43, ALA47, THR165, GLU50
60f	-9.6	ARG136, PRO79, ALA96, ILE90, GLU50, ILE78, ALA47, THR165, VAL167, VAL71,VAL43
60g	-8.1	ASN 46, ARG76, GLU42, THR165, PRO79, GLU50, ALA47, VAL167, VAL71,VAL43
60h	-9.6	ARG136, VAL120, ASN46, ILE90, ALA96, THR165, ALA47, ASP73, VAL71, ILE78, PRO79
60i	-8.3	GLU50, THR165, ALA47, VAL43, VAL71, VAL165
60j	-9.4	ARG136, ASN46, PRO79, ILE90, ALA96, ALA47, , VAL71,VAL43, THR165, ILE78, GLU50

Quadro 4: Interações entre o poder de ligação e os aminoácidos de 60a-60j com 1KZN

RESULTADOS E DISCUSSÃO

Foi sintetizada uma nova série de 2-((1H-benzo[d]imidazol-2-il)tio)-1-(5-substituído-fenil-3-(substituído-fenil)-4,*5-di-hidro-1H-pirazol-1-il*)etan-1-onas **60a-60j** a partir de moléculas de di-hipropirazolina e 2-mercaptobenzimidazol. Os compostos recentemente isolados foram elucidados por[1] H NMR,[13] CNMR, FTIR e espetrometria MASS.

Os MW dos novos compostos foram confirmados com os espectros de massa em que os comp. **60c** e **60h** mostraram picos a 427 e 488 m/z. O espetro FTIR comprova ainda mais os grupos funcionais e a ligação de todas as moléculas, onde o comp. **60c** mostrou 3186 (NH), 2978, 2916 (CH), 1643 (C=O), 1450 (C=C), 1342, 1226, 1033, 740 (str de S-C). Enquanto a comp. **60h** mostrou 3250 (NH), 3066, 2935, 2839 (metoxi), 1658 (C=O), 1527 (C=C), 1346, 1253, 1176, 1041, 698 (cadeia de S-C).
Registámos o sinal[1] H NMR da comp. **60h** a 3,19, 3,92 δ ppm (H, dd, CH_2), 3,88 δ ppm (H,s,OCH_3), 4,37 δ ppm (2H,q,CH_2), 5,68 δ ppm (H,dd,CH) , 6,94 - 8,15 δ ppm (13H, Ar-H). [13]Os espectros de RMN de C revelaram picos a 33,61, 42,61, 55,51, 59,77, 114,43, 121,00, 122,52, 123,13, 128,63, 130,33, 131,55, 142,68, 148,65, 149,33, 156,17, 162,24, 167,92 δ ppm. Os espectros de IR, LCMS,[1] H NMR e[13] C NMR confirmaram a estrutura dos novos derivados de benzimidazol com clube de pirazolina.

A pirazolina incorporada no benzimidazol (comp. **60h**) com 4-NO_2 e 4-OCH_3 apresentou uma potência excecional com valores de 32, 23, 18, 19 mm contra S. aureus, B. Subtilis, E.coli, E.aerogenes, respetivamente. Foram registados 30 e 23 mm de inibição contra S. aureus e B. subtilis pelo comp. **60j.** O 3, 4 di OCH_3 com o comp. **60j** apresentaram excelentes actividades antifúngicas com valores de inibição de 21 e 19 mm contra C.albican e A.niger. Todos os outros compostos mostraram propriedades antimicrobianas moderadas a boas. Todas as moléculas apresentaram propriedades antioxidantes moderadas. Dos compostos avaliados, o comp. **60h** com substituição 4-NO_2 e 4-OCH_3 mostrou a maior atividade de eliminação de radicais com um valor de 48,86 % a uma concentração de 150 µg/ml.

A investigação in silico do comp. **60a-60j** mostraram mais de -8 kcal/mol de energia de ligação com 1KZN. Os comp. **60h, 60f** e **60j** apresentaram uma pontuação de -9,6, -9,6 e -9,4, respetivamente.

O grupo NO_2 e o azoto pirazolínico de 60h formaram uma forte interação de ligação de hidrogénio com ASN46 e ARG136, bem como outras interações também registadas com ALA96, THR165, ALA47, ASP73, VAL71, ILE78, PRO79. **60j** também mostrou uma interação convencional de ligação de hidrogénio de ARG136 e ASN46 com o grupo metoxi e o núcleo de benzimidazol, respetivamente. Juntamente com estas interações, a docagem molecular provou o potencial dos novos derivados do benzimidazol.

Conclusão:

Em busca de uma molécula líder, concebemos e sintetizámos com êxito derivados potentes de pirazolina com benzimidazol. Os derivados 2-((1H-benzo[d]imidazol-2-il)tio)-1-(5-substituído-fenil-3-(sustituído-fenil)-4,5-dihidro-1H-pirazol-1-il)etan-1-ona (comp. 60a-60j) foram caracterizados por várias técnicas de espetroscopia. Todos os compostos bioactivos mostraram boas actividades antimicrobianas. 60h e 60j apresentaram a maior inibição contra manchas bacterianas e fúngicas, respetivamente. Todos os derivados de benzimidazol registaram actividades moderadas de eliminação de radicais. A investigação in silico justifica a estratégia de conceção, uma vez que os comp. 60a-60j apresentaram ligações de hidrogénio convencionais e outras interações.

REFERÊNCIAS

1. Jampilek, J. *Molecules*, 2019, *24*(21), 3839.
2. Liu, R., Li, X., & Lam, K. S. *Opinião atual em biologia química*, 2017, *38*, 117-126.
3. Drews, J.; *Science*, 2000, *287*(5460), 1960-1964.
4. Kabir, E., & Uzzaman, M. *Results in Chemistry*, 2022, 100606.
5. Majumdar, P., Pati, A., Patra, M., Behera, R. K., & Behera, A. K. *Chemical reviews*, 2014, *114*(5), 2942-2977.
6. Azab, M. E., Youssef, M. M., & El-Bordany, E. A. *Molecules*, 2013, *18*(1), 832-844.
7. Muruganantham, N., Sivakumar, R., Anbalagan, N., Gunasekaran, V., & Leonard, J. T. *Biological and Pharmaceutical Bulletin*, 2004, *27*(10), 1683-1687.
8. Liu, J. C., Narva, S., Zhou, K., & Zhang, W. *Mini Reviews in Medicinal Chemistry*, 2019, *19*(18), 1517-1530.
9. Singh, K., Pal, R., Khan, S. A., Kumar, B., & Akhtar, M. J. *Journal of* Molecular Structure, 2021, 1237, 130369.
10. Fesatidou, M., Petrou, A., & Athina, G. Current Pharmaceutical Design, 2020, 26(8), 867-904.
11. Yan, M., & Ma, S. *ChemMedChem*, 2012, *7*(12), 2063-2075.
12. Wu, Y. J. Heterocyclic Chemistry, 2012, Vol. 24, 1-53.
13. Coates, A., Hu, Y., Bax, R., & Page, C. *Nature reviews Drug discovery*, 2002, *1*(11), 895-910.
14. Thomas, G. "Química medicinal: uma introdução". John Wiley & Sons, 2011.
15. Wright, J. B.; Chemical reviews, 1951,48(3), 397-541.

16. Gaba, M., & Mohan, C Medicinal Chemistry Research, 2016, 25, 173-210.S
17. Poturcu, K., & Demiralay, E. C., Journal of Chemical & Engineering Data, 2020, 65(11), 5617-5626.
18. Srestha, N., Banerjee, J., & Srivastava, S. (2014). IOSR J Pharm, 4(12), 28-41.
19. Shaharyar, M., & Mazumder, A., Arabian Journal of Chemistry, 2017, 10, S157-S173.
20. K Vyas, V., & Ghate, M., Mini revisões em química medicinal, 2010, 10(14), 1366-1384.
21. Shingalapur, R. V., Hosamani, K. M., Keri, R. S., & Hugar, M. H., European journal of medicinal chemistry, 2010, 45(5), 1753-1759.
22. Cheretaev, I. V., Korenyuk, I. I., & Nozdrachev, A. D. Neuroscience and Behavioral Physiology, 2018, 48(7), 848-853.
23. Achar, K. C., Hosamani, K. M., & Seetharamareddy, H. R. European journal of medicinal chemistry, 2010, 45(5), 2048-2054.
24. Song, D., & Ma, S. ChemMedChem, 2016, 11(7), 646-659.
25. Maxwell, W. A., & Brody, G., Applied microbiology, 1971, 21(5), 944-945.
26. Mahmood, A., Shah, A., Shahzad, S., Aftab, S., Nisar, J., & Shah, A. H., Journal of The Electrochemical Society, 2017, 164(6), H413.
27. Jeyanthi, S., & Muniyappan, N., "Discovery of N-Substituted Pyrazoline derivatives as novel 3-Benzo [b] thiophene and 2-Mercaptobenzimidazole inhibitor for the treatment of breast cancer". 2023.

28. Boda, U., Guguloth, V., & Guguloth, H., Indian Journal of Heterocyclic Chemistry, 2021, 31(1), 31-35.
29. Gali, S., Raghu, D., Mallikanti, V., Thumma, V., & Vaddiraju, N., Molecular Diversity, 2023, 1-15.
30. Padhy, G. K., Rath, D., Bhukta, P., Kumar, L. A., Sethy, K., Panda, J., & Behera, A. K., Journal of Pharmaceutical Negative Results, 2023, 521-526.
31. Siddig, L. A., Khasawneh, M. A., Samadi, A., Saadeh, H., Abutaha, N., & Wadaan, M. A., Open Chemistry, 2021, 19(1), 1062-1073.
32. Aroua, L. M., Alosaimi, A. H., Alminderej, F. M., Messaoudi, S., Mohammed, H. A., Almahmoud, S. A., ... & Mekni, N. H., Pharmaceutics, 2023, 15(2), 457.
33. Ali, S., Ali, M., Khan, A., Ullah, S., Waqas, M., Al-Harrasi, A., ... & Saadiq, M., ACS omega, 2022, 7(48), 43468-43479.
34. Khan, S. A., Ali, M., Latif, A., Ahmad, M., Khan, A., & Al-Harrasi, A., ACS omega, 2022, 7(32), 28041-28051.
35. Pham, E. C., Le, T. V. T., & Truong, T. N. RSC advances, 2022, 12(33), 21621-21646.
36. Padhy, G. K., Panda, J., & Behera, A. K., *J. Serb. Chem.Soc.* 2017, 82(9), 985-993.
37. Jasim, K. H., Ersan, R. H., Sadeeq, R., Salim, S., Mahmood, S., & Fadhil, Z. Bioorganic & Medicinal Chemistry Reports, 2023, 6(1).
38. Isik, E., Astley, D., Yuksekdanaci, S., & Yasa, I., Letters in Drug Design & Discovery, 2020, 17(11), 1372-1379.
39. Abbood, A. F., Abdula, A. M., Mohsen, G. L., & Baqi, Y., Al-Mustansiriyah Journal of Science, 2021, 32(4), 26-33.

40. Işik, A., Acar Çevik, U., Çelik, İ., Bostanci, H., Karayel, A., Gündoğdu, G., ... & Kaplancikli, Z. Journal of Molecular Structure,2022, 1270.
41. Singh, V. K., & Parle, A.; Asian Journal of Pharmaceutical Research and Development, 2022, 8(2), 35-44.
42. Eswayah, A., Saad, S. E., Khaliel, S., Shamash, A., Elmelady, M., Kamour, R., ... & Alghali, D. ; IOSR J. Pharm,2020, 10, 48-56.
43. S. V. Bhandari, O.G. Nagras, P. V. Kuthe, A. P. Sarkate, K. S. Waghamare, D. N Pansare, ... & M C, Belwate, Journal of Molecular Structure, 2023, 1276, 134747
44. Swikriti, R. Babbar, D. Saini, R. Rawat, S. Chigurupati, S. G. Felemban, ... & T. Behl, . Future Medicinal Chemistry, 2023, 15(10), 813-828.
45. Wang, Y. F., Qi, M. Y., Conte, M., Tang, Z. R., & Xu, Y. J., Angewandte Chemie, 2023, 135(29),
46. Azizian, H., Pedrood, K., Moazzam, A., Valizadeh, Y., Khavaninzadeh, K., Zamani, A. & Mahdavi, M., Scientific reports, 2022, 12(1), 14870.
47. Shinde, G., & Thakur, J., Current Organocatalysis, 2022, 9(3), 237-251
48. Rajput, K., Singh, V., Kamal, A., Singh, H. K., Srivastava, V., & Singh, S., New Journal of Chemistry, 2023.
49. Kusuma, S., Bawiskar, D. B., Singh, C., Panneerselvam, P., Sinha, P., Samal, A. K., & Jadhav, A. H., RSC advances, 2023, 13(46), 32110-32125.

50. Boddapati, S. M., Tamminana, R., Gollapudi, R. K., Nurbasha, S., Assal, M. E., Alduhaish, O., Adil, S. F., Molecules, 2020, 25(8), 1788.
51. Aboonajmi, J., Mohammadi, M., Panahi, F., Aberi, M., & Sharghi, H., RSC advances, 2023, 13(35), 24789-24794.
52. Ersan, R. H., Kuzu, B., Yetkin, D., Alagoz, M. A., Dogen, A., Burmaoglu, S., & Algul, O., Medicinal Chemistry Research, 2022, 31(7), 1192-1208.
53. Popatkar, B. B., Sasane, N. A., & Meshram, G. A. Synthetic Communications, 2022, 52(23), 2249-2259.
54. Akpa, S. J., Say, M. V., Zoakouma, R. S. P., Fanté, B., Sissouma, D., & Adjou, A., African Journal of Pharmacy and Pharmacology, 2016, 10(33), 670-680.
55. Wang, M. L., & Liu, B. L., Journal of the Chinese Institute of Engineers, 1997, 20(4), 413-422.
56. Karabacak, M., Altıntop, M. D., İbrahim Çiftçi, H., Koga, R., Otsuka, M., Fujita, M., & Özdemir, A., Molecules, 2015, 20(10), 19066-19084.
57. Gensini, G. F., Conti, A. A., & Lippi, D., Journal of Infection, 2007, 54(3), 221-224.
58. Dax, S. L., Antibacterial chemotherapeutic agents. Springer Science & Business Medial, 1996.
59. Jayaraman, R. Current science, 2009, 1475-1484.
60. Gupta, R. S., Molecular microbiology, 1998, 29(3), 695-707.
61. Koch, A. L., Revisão anual de microbiologia, 1996, 50(1), 317-348.
62. Anderson, J. S., Matsuhashi, M., Haskin, M. A., & Strominger, J. L., Journal of Biological Chemistry, 1967, 242(13), 3180-3190.

63. Halebian, S., Harris, B., Finegold, S. M., & Rolfe, R. D., Journal of clinical microbiology, 1987, 13(3), 444-448.
64. Gür, M., Şener, N., Kaştaş, Ç. A., Özkan, O. E., Muğlu, H., & Elmaswari, M. A., Journal of Heterocyclic Chemistry, 2017, 54(6), 3578-3590.
65. El-Sawy, E. R., Abo-Salem, H. M., Ebaid, M. S., El-Gendy, A. E. N., & Mandour, A. H., Egyptian Pharmaceutical Journal, 2013, 12(2), 120-129.
66. Macalino, S. J. Y., Gosu, V., Hong, S., & Choi, S., Archives of pharmacal research, 2015, 38, 1686-1701.
67. Pagadala, N. S., Syed, K., & Tuszynski, J Biophysical reviews, 2017, 9, 91-102.
68. Yu Tanchuk, V., O Tanin, V., I Vovk, A., & Poda, G., Current Drug Discovery Technologies, 2015, 12(3), 170-178.
69. Meng, X. Y., Zhang, H. X., Mezei, M., & Cui, M., Current computer-aided drug design, 2011, 7(2), 146-157.
70. Rauf, M. A., Zubair, S., & Azhar, A., International Journal of Basic and Applied Sciences, 2015, 4(2), 168.

MIX
Papier aus verantwortungsvollen Quellen
Paper from responsible sources
FSC® C105338

Printed by Books on Demand GmbH, Norderstedt / Germany